算数

小学 **4 5 6** 年生の

JN051720

図形を
おさらい
できる本

この本の使い方

この本では，じょうぎ・コンパスなどを組み合わせた，図形のかき方をおさらいし，
垂直・平行や，対称な図形，拡大図・縮図のかき方をマスターします。
小学4・5・6年で習う「図形のかき方」の学習のツボをおさえましょう。

❶ ツボその1から，順に取り組もう。

❷「できるかな？」
いまの力をチェックしよう。

❸「大事なツボ！」
ヒントやおぼえておきたいコツなど，
ツボを教えるよ。

❹「やってみよう！」問題を解きながら
ツボをおさらいするよ。
わからなかったら答えを見よう。

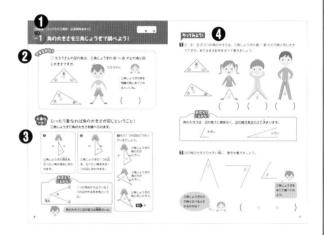

❺ 練習問題にチャレンジしよう。
答え合わせをして，まちがっていたら
直して100点にするよ。

❻ すべてのツボの学習が終わったら，
認定テストでしあげのテスト。

❼ 認定テストが100点になったら，
最終ページの「認定しょう」に
日にちと名前を書きこもう。

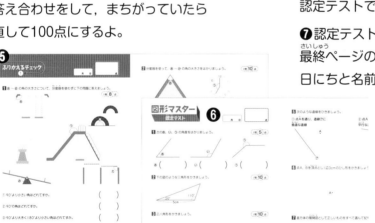

この本で使う道具

✏ えんぴつ
ほそくけずって，先をとがらせておこう。

✏ 赤えんぴつ・青えんぴつ
赤と青がぬれればなんでもいいよ。

📏 ものさし
30cmの竹のものさしを用意しよう。

📐 三角じょうぎ
とうめいなじょうぎだと使いやすいよ。

📐 分度器
とうめいでめもりが見えるものを
えらぼう。

🧭 コンパス
ねじをきちんとしめておこう。

2

小学算数4 5 6年生の

図形をおさらいできる本

この本の使い方・
　この本で使う道具…2
もくじ…3

1 長さをはかりましょう。　　　1問 **5** 点

①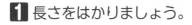

（　　　　　）

②

（　　　　　）

③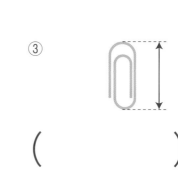

（　　　　　　）

2 次の長さの直線をひきましょう。　　　1問 **10** 点

① 6cmの直線

・

② 10cm5mmの直線

・

3 あ 〜 お から正方形と長方形をすべて選んで書きましょう。　全部書けて1つ **10** 点

正方形（　　　　　）　　　長方形（　　　　　）

4 次の円をかきましょう。　　　　　　　　　　　　　　　　1問 **10** 点

① 直径4cmの円　　　　　　　　　　　② 半径3cmの円

5 たかしさんの家から学校までの道と，駅までの道とでは，どちらが遠いでしょう。
コンパスで長さをうつしとって調べましょう。　　　　　　　**5** 点

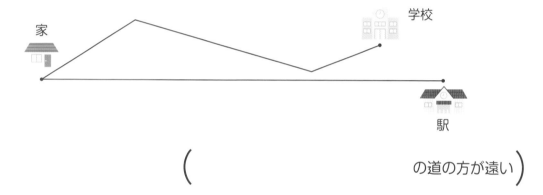

（　　　　　　　　　　　　　　　　　　　　　　　　の道の方が遠い）

6 次の三角形をかきましょう。また，その三角形の名前を答えましょう。

全部できて1問 **10** 点

① 辺の長さが5cm，3cm，3cm　　　② すべての辺の長さが3cm

（　　　　　　　　　）　　　　（　　　　　　　　　）

その1 角の大きさを三角じょうぎで調べよう!

できるかな?

☑ たろうさんの足の角は，三角じょうぎの ⓐ 〜 ⓔ のどの角と同じ大きさですか。

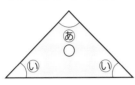

たろうさん

三角じょうぎの角を問題の角にあててみるといいね。

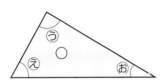

(　　　　　)

大事なツボ!

ぴったり重なれば角の大きさが同じということ!

三角じょうぎで角の大きさを調べられます。

❶
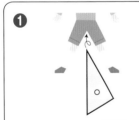
三角じょうぎの頂点を，比べたい角の頂点に合わせます。

❷
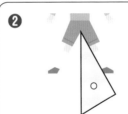
三角じょうぎの1つの辺を，比べたい角を作る1つの辺に合わせます。

❸もう1つの辺はどうなっているでしょう。

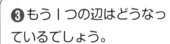
三角じょうぎの角の方が小さい。

三角じょうぎの角の方が大きい。

三角じょうぎの角と同じ大きさ。

おぼえているかな?

1つの頂点から出ている2つの辺が作る形を角というよ。

角の大きさに辺の長さは関係ないよ。

答え ⓔ

1 ①，②，③ の３つの角の大きさは，三角じょうぎの あ ～ お のどの角と同じ大きさですか。あてはまる記号をすべて書きましょう。

（　　　　　）（　　　　　）（　　　　　）

**おぼえて
いるかな?**

角の大きさは，辺の長さに関係なく，辺の開き具合だけで決まります。

大きい　　　　　　　小さい

2 次の角の大きさの大きい順に，番号を書きましょう。

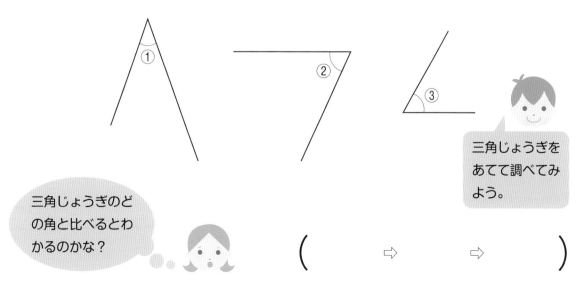

三角じょうぎの
の角と比べるとわ
かるのかな？

三角じょうぎを
あてて調べてみ
よう。

（　　　　⇨　　　　⇨　　　　）

7

ツボ その2 分度器で角の大きさを調べよう！

できるかな？

☑ 分度器を使って，あ，いの角度をはかりましょう。

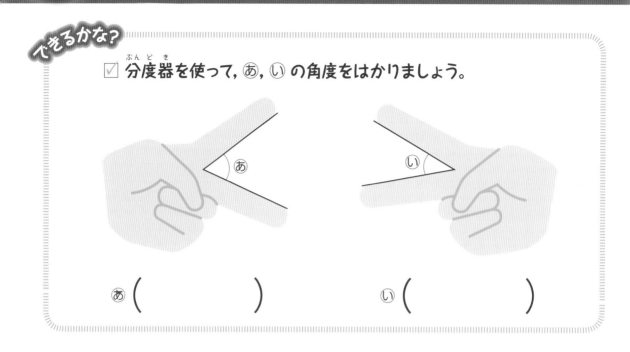

あ（　　　　　　　　）　　　い（　　　　　　　　）

 大事なツボ！

・分度器の中心を角の頂点に合わせる！
・分度器の0°の線を，角を作る1つの辺に合わせる！

角の頂点　　　　　　　　角の頂点

❶分度器の中心を
角の頂点に合わせる。

❷分度器の0°の線を
角の1つの辺に合わせる。

分度器の両側に
0°の線があるね。

0°の線を合わせた
方のめもりをよむよ。

❸もう1つの辺が重なって
いるめもりをよむ。

答え▶あ60°

答え▶い40°

8

1 下の あ 〜 え の角度をはかりましょう。

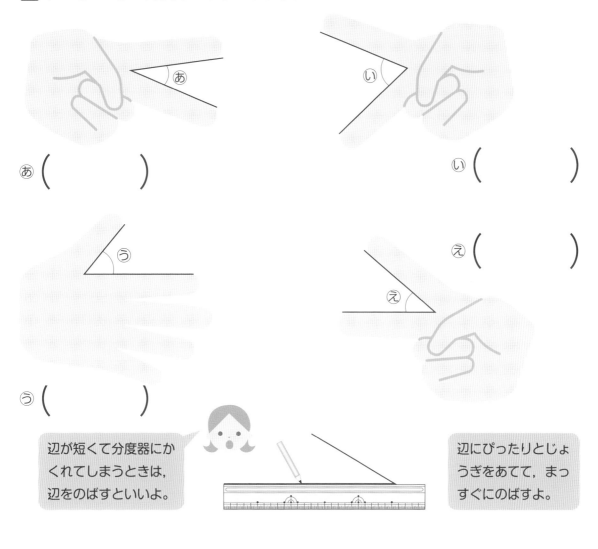

あ (　　　　　)

い (　　　　　)

え (　　　　　)

う (　　　　　)

辺が短くて分度器にかくれてしまうときは，辺をのばすといいよ。

辺にぴったりとじょうぎをあてて，まっすぐにのばすよ。

2 下の お，か の角度をはかりましょう。

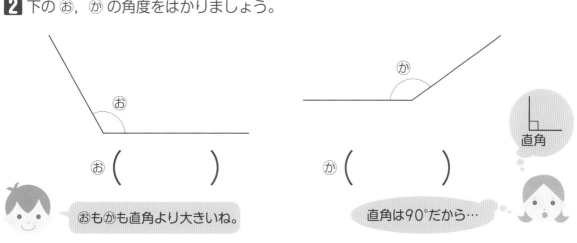

お (　　　　　)

か (　　　　　)

おもかも直角より大きいね。

直角は90°だから…

直角

9

ツボ その3　180°より大きな角をはかろう！

できるかな？

☑ **あ** の角度をはかりましょう。

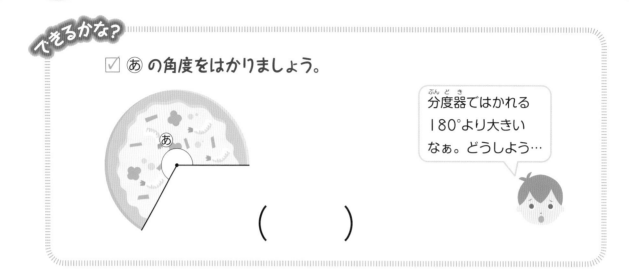

分度器ではかれる180°より大きいなぁ。どうしよう…

(　　　)

大事なツボ！　角を分ければ大きい角度もはかれる！

角の辺をのばして線をひいて，大きな角を180°と残りの角に分けよう。

❶
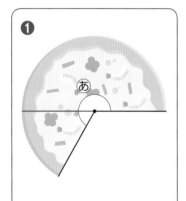
角の1つの辺をのばして角を分けます。

❷
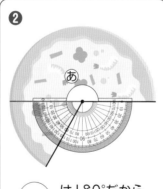
は180°だから　を分度器ではかります。

❸

180°
60°

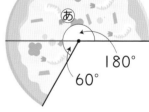
あは180°と60°を合わせた大きさだから，
180＋60＝240。
答え 240°

こんな方法もあるよ。
1回転は360°だ。
あは360°より　　の分小さいね。
　　の大きさをはかると120°。
だから360－120で240°となる。

かくにん
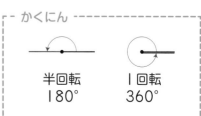
半回転　　1回転
180°　　360°

やってみよう!

1 下の ㋐, ㋑ の角度は何度でしょう。

はかりにくいときは,
自分がはかりやすいよ
うに本の向きを変えて
いいんだよ。

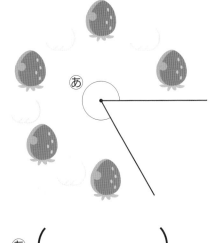

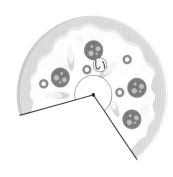

㋐ (　　　　　　　)　　　　　　　㋑ (　　　　　　　)

おぼえて いるかな?

直角1つ分　　　　直角2つ分　　　　直角3つ分　　　　直角4つ分
90°　　　　　　　180°　　　　　　　270°　　　　　　　360°

これを使って何度くらいか見当をつけてからはかるといいよ。

2 下の ㋒, ㋓ の角度は何度でしょう。見当をつけてからはかりましょう。

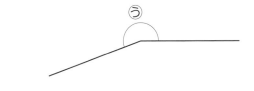

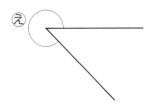

見当 (　　　　　° より大きい)　　見当 (　　　　　° より大きい)

はかって (　　　　　　　)　　　　はかって (　　　　　　　)

1 あ ～ お の角の大きさについて，分度器を使わずに下の問題に答えましょう。

1問 **8** 点

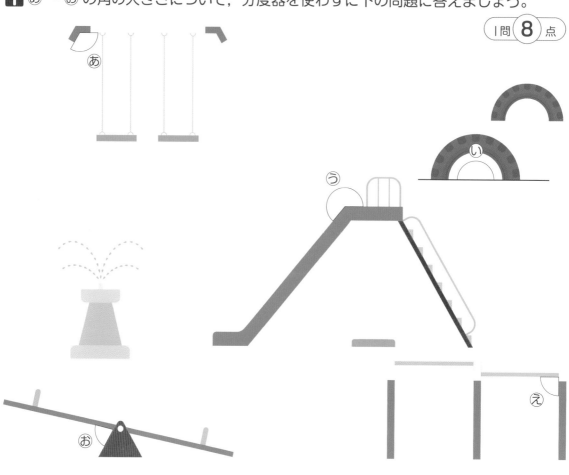

① 90°より小さい角はどれですか。　　　　　　　　（　　　　）

② 90°の角はどれですか。　　　　　　　　　　　　（　　　　）

③ 90°より大きく180°より小さい角はどれですか。　（　　　　）

④ 180°の角はどれですか。　　　　　　　　　　　　（　　　　）

⑤ 180°より大きい角はどれですか。　　　　　　　　（　　　　）

2 分度器を使って，あ ～ か の角の大きさをはかりましょう。

1問⑩点

あ （　　　　）

い （　　　　）

う （　　　　）

え （　　　　）

お （　　　　）

か （　　　　）

ツボ その4 角がわかっている三角形をかこう！

☑ 分度器を使って，40°の角をかきましょう。

まずは1つ，辺を
かかなくっちゃね。

辺はどんな
長さでもい
いんだよね。

大事なツボ！

まずは1つの辺をひく！
そして，その辺に分度器の0°の線を合わせる！

❶

1つの辺をひく。

❷

❶の辺のかた方のはしに分度器
の中心を，辺に0°の線を合わせる。

❸
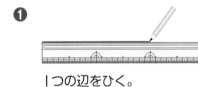

40°のめもりのところに
点をうつ。

0°の線を合わせ
た方のめもりを使
うよ。

❹

分度器の中心を合わせていた辺
のはしと，❸の点にじょうぎを
あてて，直線をひく。

完成！

答え 40°の角がかけた
ら正解。

1 50°の角をかいて，手本のような三角形の屋根を完成させましょう。

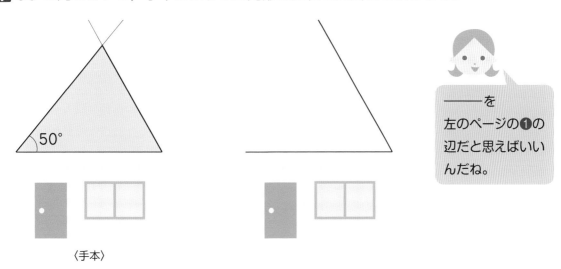

〈手本〉

―――を
左のページの❶の
辺だと思えばいい
んだね。

2 45°の角をかいて，手本のような三角形の屋根を完成させましょう。

〈手本〉

角イをかくとき
は，点イに分度
器の中心を合わ
せればいいんだ
よ。

3 次^{つぎ}のような三角形をかきましょう。

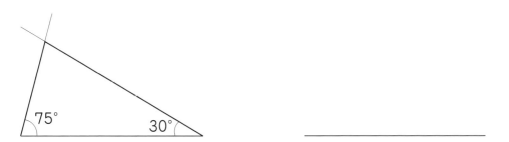

ツボ その5　角と辺がわかっている三角形をかこう！

できるかな？

☑ 手本のような
三角形をかきましょう。

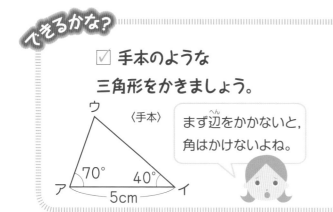

〈手本〉

まず辺をかかないと，角はかけないよね。

大事なツボ！　ものさし（じょうぎ）と分度器を使えば三角形はかける！

❶長さ5cmの辺アイを
ひく。

❷70°の角アをかくために
・分度器の中心を点アに，辺に0°の線を合わせる。
・70°の目もりのところに点をうつ。

❸点アと❷でうった点を結んで直
線をひく。

70°の角が
できた！

❹40°の角イをかくために
・分度器の中心を点イに，辺アイに0°の線を合
わせる。
・40°のめもりのところに点をうつ。

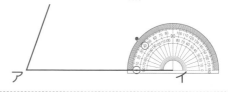

❺点イと❹でうった点を結んで直線をひく。

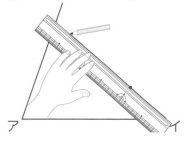

交わったところが
点ウになる。

長すぎた線も
残しておいてOK！

完成！

答え　長さ・角の大きさ
をはかって，図の
通りなら正解。

1 （例）のように，あ，いの家の屋根となる三角形をかきましょう。

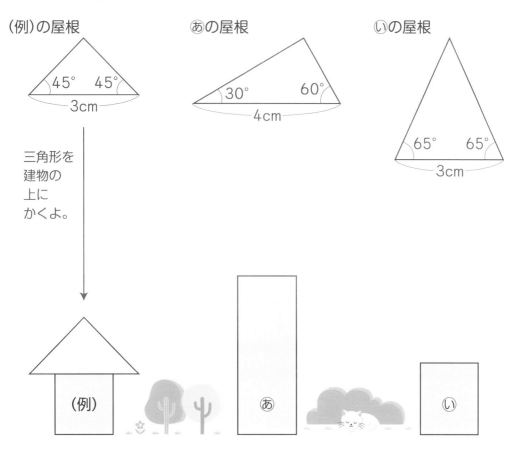

（例）の屋根
45° 45°
3cm

あの屋根
30° 60°
4cm

いの屋根
65° 65°
3cm

三角形を
建物の
上に
かくよ。

（例）

あ

い

2 下の図のような三角形をかきましょう。

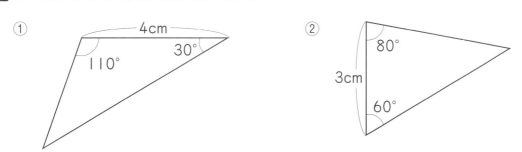

① 4cm
110° 30°

② 80°
3cm
60°

ツポ その6 正多角形をかこう！

できるかな？

☑ 次の問題に答えましょう。

① 下の正五角形の あいうえお の角の大きさがすべて等しいことと，点OからA，B，C，D，Eまでの長さがすべて等しいことを確かめましょう。

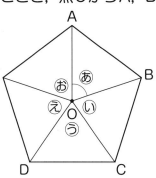

② 左のような正五角形をかきましょう。

大事なツポ！ 正多角形は，円の中心を等分すればかける！

① の考え方

・角の大きさ

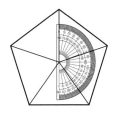

点Oに分度器の中心を合わせればいいよね。

あ〜おは，どれも72°になっています。

1回転360°を5等分するから360÷5で72°なのか!!

・点Oからの長さ

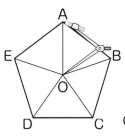

OAに合わせて開いたコンパスがOB，OCにも合うか，確かめればいいね。

OAからOEまですべて等しい長さです。

② のかき方

❶点Oを中心とし，OAを半径として円をかき，半径OAの線をひきます。

❷点Oに分度器の中心を合わせて，360°を5等分，72°ずつ区切ります。

72°の角のかき方は14ページで復習してね。

❸円の上のA，B，C，D，Eを直線で結びます。

円の上でないところを結んではダメだよ。

答え ②上の図。

辺の長さがすべて等しく，角の大きさもすべて等しい多角形を正多角形といいます。

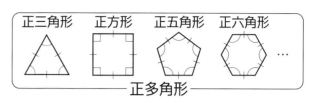

正三角形　正方形　正五角形　正六角形　…

正多角形

やってみよう！

1 半径3cmの円をかいて，円の中心を等分する方法で正多角形をかきましょう。

かさをさした後ろすがたができあがるよ！

① 正八角形

② 正六角形

正八角形は円の中心を8等分するから，360÷8で角度がわかるね。

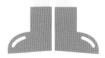

正六角形は6等分。

そうなんだ！ 　正六角形のほかのかき方

正六角形は，右の図のように，円の周りを半径の長さで区切ってかくこともできます。

1 下の ⓐ ～ ⓔ に，指定された屋根や旗（はた）の三角形をかきましょう。

1つ **10** 点

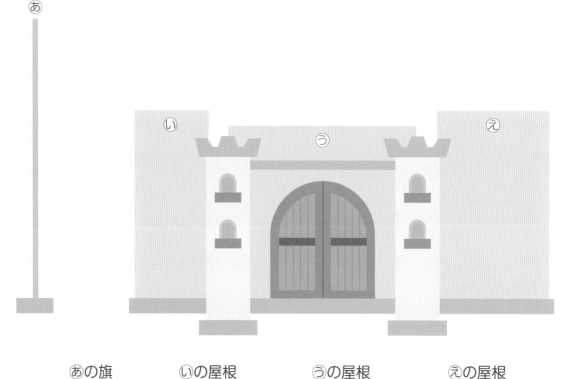

ⓐの旗	ⓘの屋根	ⓤの屋根	ⓔの屋根

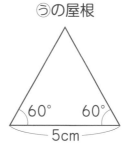
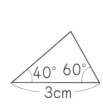

2 右のピザの，中心の角210°分を食べました。食べた部分にななめ線をかきましょう。

15 点

（例）

食べた部分

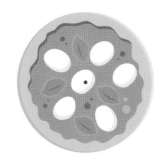

3 下の ① ～ ③ に，指定された正多角形をかきましょう。

くもんの小学生向け学習書

くもんの学習書には、「ドリル」「問題集」「テスト」「ワーク」があり、課題や目標にあわせてぴったりの1冊と出合うことができます。

くもんのドリル

●独自のスモールステップで配列された問題と繰り返し練習を通して、やさしいところから到達目標まで、テンポよくステップアップしながら力をつけることができます。
●書き込み式と1日単位の紙面構成で、毎日学習する習慣が身につきます。

くもんの問題集

●たくさんの練習問題が、効果的なグルーピングと順番でまとまっている本で、力をしっかり定着させることができます。
●基礎～標準～発展・応用まで、目的やレベルにあわせて、さまざまな種類の問題集が用意されています。

くもんのテスト

●力が十分に身についているかどうかを測るためのものです。苦手がはっきりわかるので、効率的な復習につなげることができます。

くもんのワーク

●1冊の中でバリエーションにとんだタイプの問題に取り組み、はじめての課題や教科のわくにおさまらない課題でも、しっかり見通しを立て、自ら答えを導きだせる力が身につきます。

2020年2月現在

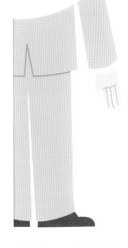

半径3cmの円をか，正八角形をかきょう。

15 点

その7 三角じょうぎで垂直をかこう！

できるかな？

☑ 点Ａを通り，直線⑦に
垂直な直線をひきましょう。

１組の三角じょうぎを使うんだったね！

垂直は，１組の三角じょうぎを使えばかける！

❶

直線⑦に，三角じょうぎの辺を合わせ，しっかりとおさえる。

❷
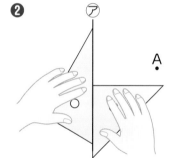

もう１枚の三角じょうぎの直角のある辺を，❶の三角じょうぎに合わせる。

❸
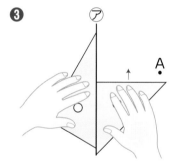

❷で合わせた三角じょうぎをすべらせて，点Ａのところまで動かす。

❹
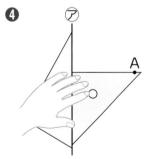

左手でもう一方の三角じょうぎもおさえる。

❺
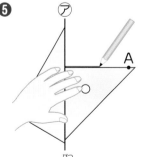

右手でえん筆をもち，点Ａを通る直線をひく。

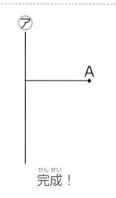

完成！

答え 垂直な直線がかけていたら正解。

2本の直線が交わってできる角が直角のとき，この2本の直線は「垂直である」といいます。

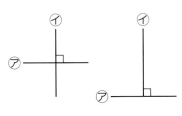 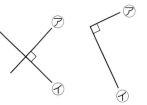

2本がはなれていても，かた方，または両方をのばして直角になっていれば，2本は垂直であるというよ。

㋐と㋑は垂直です。

やってみよう！　**1** 点Aを通って直線㋐に垂直な直線をひきましょう。

①

・A

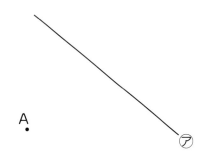

②

A・

③

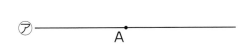

④

A・

左ききのお友だちへ

左ききの人はこの本をさかさにして，右のようにかくといいよ。

 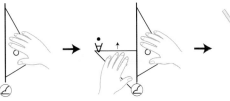 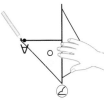

ツボ その 8 三角じょうぎで平行をかこう！

できるかな？

☑ 点Aを通り，直線⑦に平行な直線をひきましょう。

大事なツボ！ 平行な直線は，三角じょうぎをすべらせてかこう！

❶

直線に三角じょうぎの辺を合わせ，しっかりおさえる。

❷

もう1枚の三角じょうぎを，❶の三角じょうぎに合わせる。

❸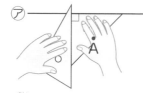

❶のじょうぎをすべらせ，点Aのところまで動かす。

❹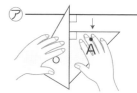

左手で，もう一方の三角じょうぎもおさえる。

❺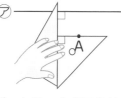

右手でえん筆をもち，点Aを通る直線をひく。

完成！

答え

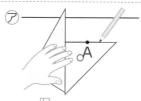

平行な直線は，ほかの直線と等しい角度で交わるから，それを利用してるんだ。

三角じょうぎのどの角を使ってもかけます！

❶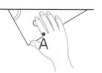

❷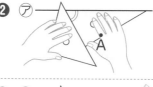

❸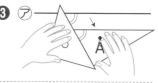

❹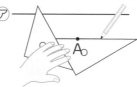

❺

完成！

おぼえて
いるかな?

1本の直線に垂直な2本の直線⑦と⑦は「平行である」といいます。

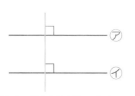

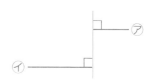

⑦と⑦は平行です。

やってみよう!

1 次の問題に答えましょう。

① 点Aを通り，直線⑦に平行な直線をひきましょう。

② 点Bを通り，直線⑦に平行な直線をひきましょう。

最後につりざおの絵
をかきたそう。
つりをしている様子
ができあがるよ。

左ききのお友だちへ
左ききの人は下のようにかくといいよ。

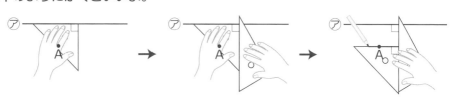

1 平行な直線と垂直な直線をかいて，宝物のあるゴールにたどりつきましょう。

1問 **10** 点

① 💍 を通り，㋐── の直線に平行な直線。

② 👑 を通り，①でひいた直線に垂直な直線。

③ 💰 を通り，②でひいた直線に平行な直線。

④ 🗝 を通り，③でひいた直線に垂直な直線。

⑤ 📦 を通り，④でひいた直線に平行な直線。

宝に
たどり
つけるかな…

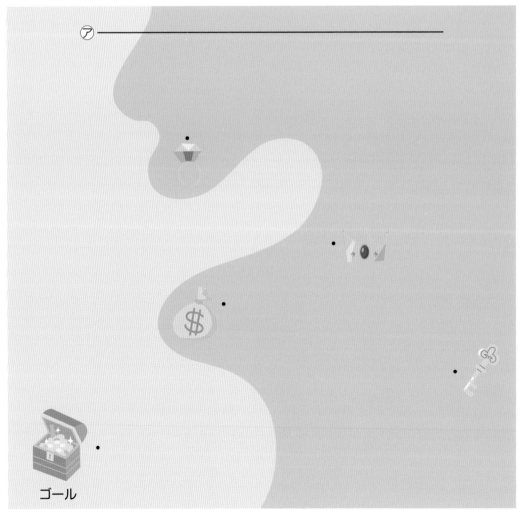

㋐ ──────────────────

ゴール

2 下の図で平行になっている直線はどれとどれですか。すべて答えましょう。

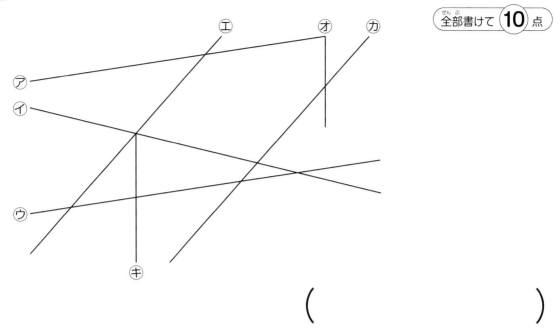

(　　　　　　　　　　)

3 下の条件に合うように道をかき入れ，地図を完成させましょう。

① なみ木通りは，中央通りに垂直で駅を通ります。

② けやき通りは，中央通りに平行でゆうびん局を通ります。

③ やなぎ通りは，中央通りに垂直で，学校を通ります。

④ あすなろ通りは，中央通りに平行で公園を通ります。

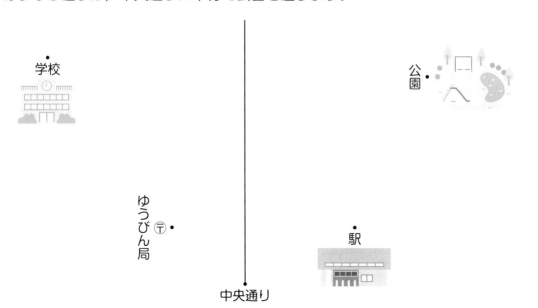

ツボ その9　台形や平行四辺形をかこう！

できるかな？

☑ 直線⑦, ⑦は平行です。これを使って，台形と平行四辺形をかきましょう。

⑦ ————————

⑦ ————————

大事なツボ！　台形は向かい合った1組の辺, 平行四辺形は2組の辺が平行！

特ちょうをおさえて，台形と平行四辺形をかいてみよう。

・向かい合った1組の辺が平行な四角形…台形

・向かい合った2組の辺が平行な四角形…平行四辺形

台形　　　　　　　　　平行四辺形

台形のかき方	平行四辺形のかき方

答え　⑦と⑦の間に2本の直線をひくと，台形が完成！

⑦と⑦が平行だから1組の平行な辺はあるね。

だから，あと2つの辺はすきなようにかいていいんだね。

❶ ⑦　⑦

⑦と⑦の間に，1本の直線をひきます。

❷ ⑦　⑦

❶でひいた直線に，三角じょうぎの辺を合わせます。

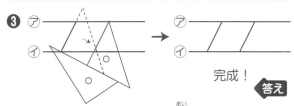

→ ⑦　⑦

完成！　**答え**

❷の三角じょうぎに，もう1枚の三角じょうぎをあて，❷の三角じょうぎをすべらせて平行な直線をひきます。

1 下の方眼を使って，台形と平行四辺形を２つずつかきましょう。

方眼の線は平行に
ひかれているね。

2 下の地図で，台形の土地には赤を，平行四辺形の土地には青をぬりましょう。

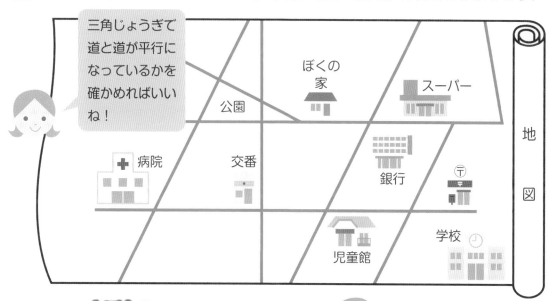

三角じょうぎで
道と道が平行に
なっているかを
確かめればいい
ね！

ぼくの
家

スーパー

公園

病院

交番

銀行

〒

地
図

児童館

学校

**おぼえて
いるかな？**

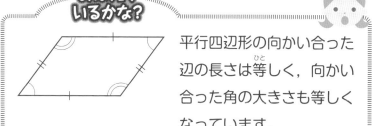

平行四辺形の向かい合った
辺の長さは等しく，向かい
合った角の大きさも等しく
なっています。

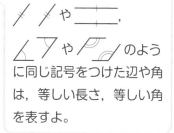

のよう
に同じ記号をつけた辺や角
は，等しい長さ，等しい角
を表すよ。

ツボその10 平行四辺形をかこう！

できるかな？

☑ 下の図のような平行四辺形をかきましょう。

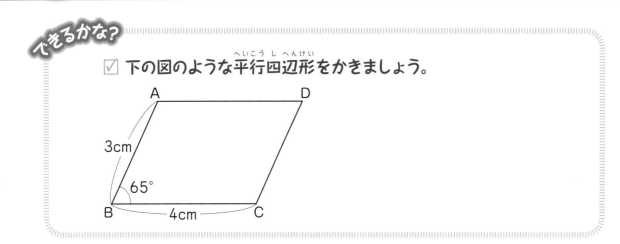

大事なツボ！ 平行四辺形の性質を使えば上手にかける！

❶ 4cmの辺BCを
かきます。

B〜4cm〜C

❷ 65°の角Bをかきます。

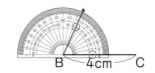

❸ 3cmの辺ABをかき
ます。

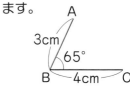

わたしは、"向かい合った2組の辺が平行"という性質を使おう！

ぼくは、"向かい合った辺の長さは等しい"という性質を使おう！

❹ 辺BCに三角
じょうぎの辺を
合わせます。

辺BCに
平行な直
線をひき
ます。

❺ 同じように辺AB
に平行な直線をひき
ます。

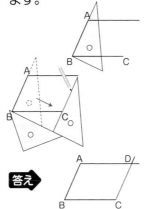

答え

❹ 辺ADは、辺BCと同じ
4cm。コンパスで辺BCの
長さをうつしとり、点Aから
印をつけます。辺CDは、辺
ABと同じ3cm。コンパス
で辺ABの長さをうつしとり、
点Cから印をつけます。

❺ コンパスの線が交わった
ところが点D。点Aと点D、
点Cと点Dを結びます。

答え

やってみよう!

1 平行四辺形をかきましょう。

① 三角じょうぎを使う方法で続きをかきましょう。

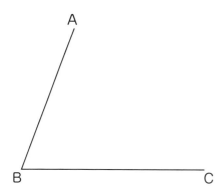

② コンパスを使う方法で続きをかきましょう。

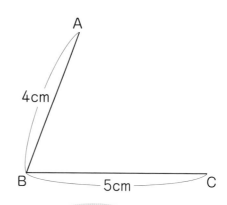

どちらの方法を
使おうかな…

③ 下の図のような平行四辺形をかきましょう。

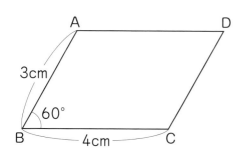

④ 下の図のような平行四辺形をかきましょう。

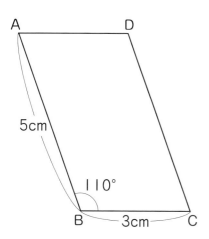

どちらの方法を使うにしても，まずは辺BCをかいて，角Bを作ればいいんだよね。

ツボ その11 ひし形をかこう！

できるかな？

☑ 下の図のようなひし形をかきましょう。

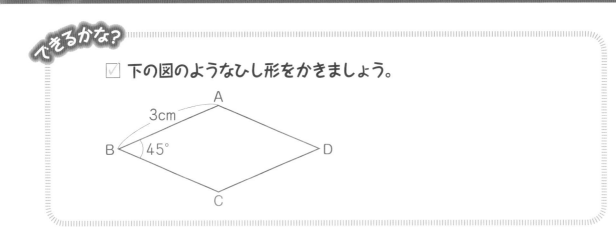

大事なツボ！ ひし形の性質を使えば，上手にかける！

ひし形…辺の長さがすべて等しい四角形
・向かい合った辺は平行になっている。
・向かい合った角の大きさは等しい。

辺の長さと角の大きさがわかっているひし形は，平行四辺形のかき方（30ページ）と同じ方法でかくことができます。

| 三角じょうぎを使う方法 | コンパスを使う方法 |

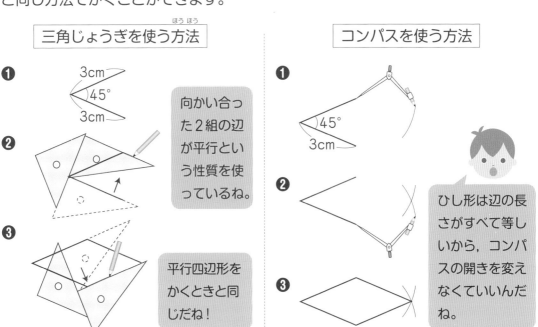

❶ 3cm 45° 3cm

❷

❸

向かい合った2組の辺が平行という性質を使っているね。

平行四辺形をかくときと同じだね！

ひし形は辺の長さがすべて等しいから，コンパスの開きを変えなくていいんだね。

1 下の図のようなひし形をかきましょう。

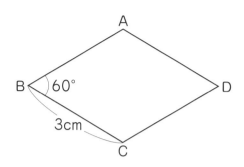

そうなんだ！　ひし形のほかのかき方

▶辺の長さが決まっているひし形

① ２つの点をうちます。

② それぞれの点から１辺の長さを半径とする円の一部をかきます。

③ 交わった点と①の点を直線で結びます。

ひし形のすべての辺の長さが等しいことを使った方法だね。

▶対角線の長さが決まっているひし形

① それぞれのまん中で垂直に交わる２本の直線をひきます。

② それぞれの直線のはしを結びます。

ひし形の対角線の性質を使った方法だね。

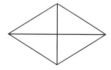

2 ひし形をかきましょう。

① 一辺４cmのひし形

② 対角線が４cmと３cmのひし形

1 コンパスを使って辺の長さを調べたり，三角じょうぎを使って平行かどうかを確かめたりして，①〜③の四角形の名前を（　　　）に書きましょう。また，その四角形をかきましょう。

1つ **10** 点

①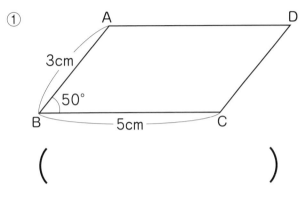

（　　　　　　　　　　　　　）

②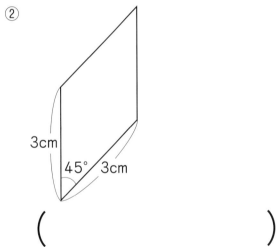

（　　　　　　　　　　　　　）

③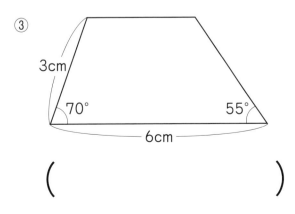

（　　　　　　　　　　　　　）

2 絵のところに ① 〜 ③ のひし形をかいて，指輪の絵にしましょう。

① 下のようなひし形

|問 **10** 点

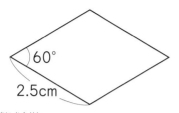

② 対角線が３cmと２cmのひし形

③ ２つの・を頂点とした，|辺３cmの
ひし形

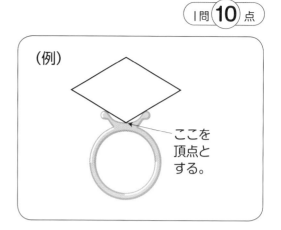

（例）

ここを
頂点と
する。

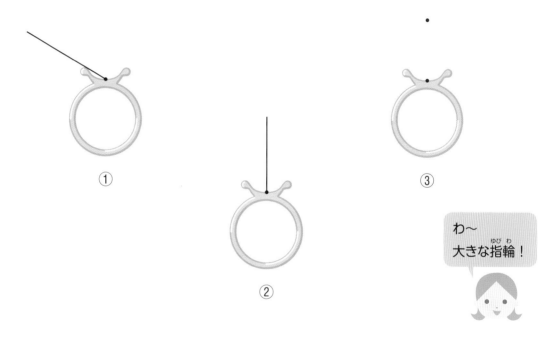

①

②

③

わ〜
大きな指輪！

3 下のような台形をかきましょう。

10 点

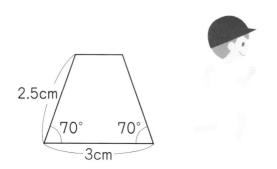

ツボ その12 合同な三角形をかこう！

できるかな？

☑ 下の三角形 ABC と合同な三角形をかきましょう。

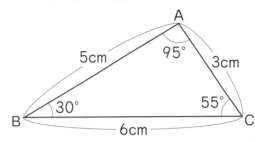

大事なツボ！ 3つの条件がわかれば合同な三角形はかける！

方法1
**使う3つの条件
3つの辺**

❶辺BCの6cmをひく。

❷コンパスを辺ABの5cmに開き，はりをBに置いて印をつける。

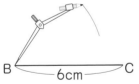

❸コンパスを辺ACの3cmに開き，はりをCに置いて印をつける。

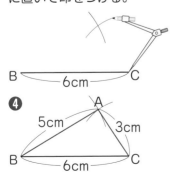

❹

方法2
**使う3つの条件
2つの辺とその間の角**

❶辺BCの6cmをひく。

❷角Bの30°を作る。

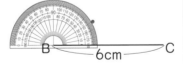

❸辺ABの5cmをひく。

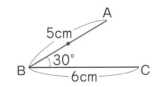

❹AとCを結ぶ。

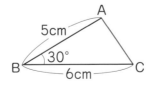

方法3
**使う3つの条件
1つの辺とその両はしの角**

❶辺BCの6cmをひく。

❷角Bの30°を作り，長めに直線をひいておく。

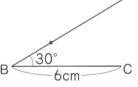

❸角Cの55°を作る。

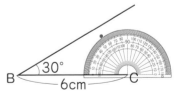

❹Cから❷でひいた直線と交わるところまで直線をひく。

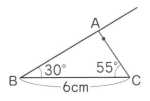

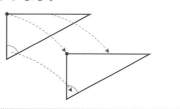
やってみよう！

1 3人が話す三角形を ㋐，㋑，㋒ から選び，3人の頭の上に合同な三角形をかきましょう。

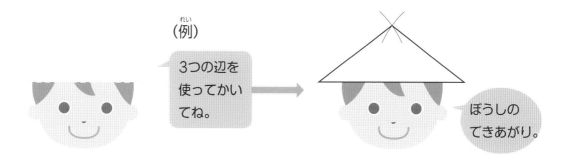

（例）

3つの辺を使ってかいてね。

ぼうしのできあがり。

① 2つの辺と，その間の角を使ってかいてね。

② 3つの辺を使ってかいてね。

③ 1つの辺とその両はしの2つの角を使ってかいてね。

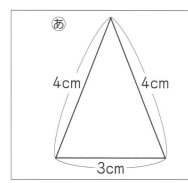

㋐
4cm　4cm
3cm

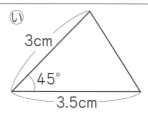

㋑
3cm
45°
3.5cm

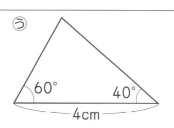

㋒
60°　40°
4cm

ツボ その13 合同な四角形をかこう！

できるかな？

☑ 下の平行四辺形ABCDと合同な平行四辺形をかきましょう。

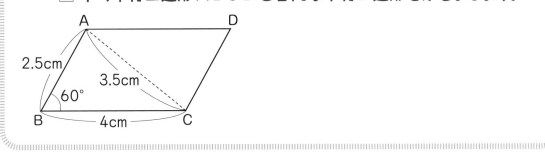

大事なツボ！ 四角形は，三角形が2つあると考えてかく！

四角形は，対角線で2つの三角形に分けると，三角形のかき方（36ページ）を2回くり返してかくことができます。

3つの辺で三角形をかく方法を使って

❶ BCの4cmの辺をひきます。

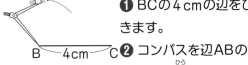

❷ コンパスを辺ABの2.5cmに開き，はりをBに置いて印をつけます。

❸ コンパスをACの3.5cmに開き，はりをCに置いて印をつけます。交わったところがA。

❹ ABを結びます。

2つの辺とその間の角で三角形をかく方法を使って

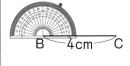

❶ BCの4cmの辺をひきます。

❷ 60°の角Bをかきます。

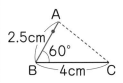

❸ 2.5cmの辺ABをかきます。

※ここから先は「3つの辺で三角形をかく方法を使って」の❺，❻と同じ。

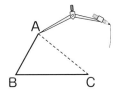

❺ 辺ADの4cmにコンパスを開き，はりをAに置いて印をつけます。

➡

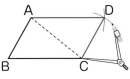

交わったところと結んで完成！

❻ 辺CDの2.5cmにコンパスを開き，はりをCに置いて印をつけます。

1 下の平行四辺形 ＡＢＣＤ と合同な平行四辺形をかきましょう。

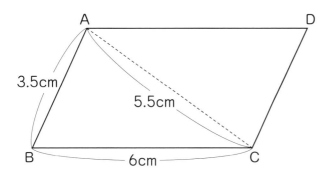

まずは
三角形ABCをかけばい
いんだよね。

2 下の四角形 ＡＢＣＤ と合同な四角形をかきましょう。

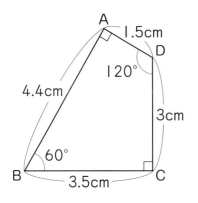

平行四辺形じゃな
いときはどうする
んだろう？

平行四辺形で
なくても対角
線を1本ひく
と2つの三角
形になるね！

月　日　　　　　　　点

1 次の問題に答えましょう。　　　　　　　　　　　　　　1つ **10** 点

① 三角形 ⓐ 〜 ⓔ は，下の色画用紙を切りぬいてできたものです。色画用紙のどの
部分にどの三角形があてはまりますか。

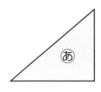   

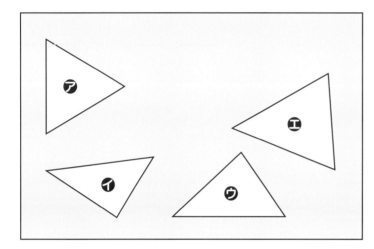

㋐ (　　　　　　　)

㋑ (　　　　　　　)

㋒ (　　　　　　　)

㋓ (　　　　　　　)

② ぴったり重ね合わすことのできる2つの図形を (　　　　　　　) である
といいます。

2 下の三角形と合同な三角形をかきましょう。また，そのときに使った3つの条件の
ところに○をつけましょう。　　　　　　　　　　全部できて **10** 点

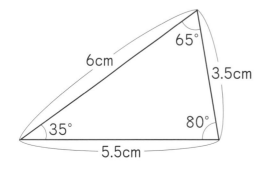

3 下の四角形と合同な四角形をかきましょう。また，そのときに使った条件のところに○をつけましょう。 全部できて 10 点

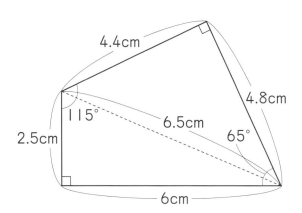

5つの条件でかけるよ！

4 必要な長さや角度をはかって，合同な図形をかきましょう。
はかった長さや角度は図形にかきこみましょう。 1問 15 点

①

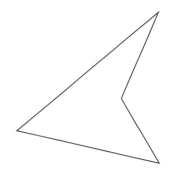

四角形のとき，三角形が2つと見たから同じように…。

②

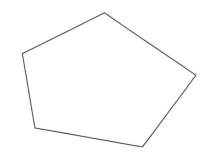

三角形が3つと考えよう

41

ツボ その14 直方体や立方体の展開図をかこう！

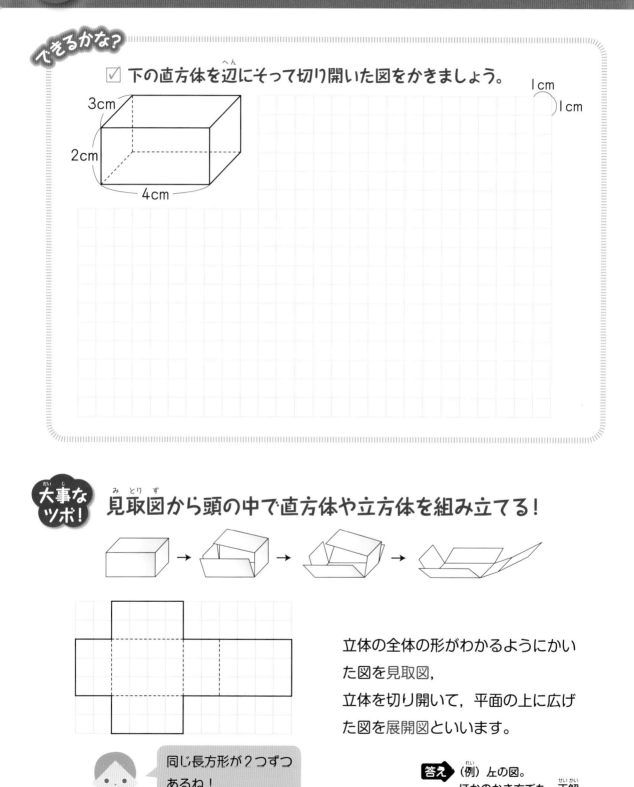

できるかな？

☑ 下の直方体を辺にそって切り開いた図をかきましょう。

3cm
2cm
4cm
1cm
1cm

大事なツボ！ 見取図から頭の中で直方体や立方体を組み立てる！

立体の全体の形がわかるようにかいた図を見取図，
立体を切り開いて，平面の上に広げた図を展開図といいます。

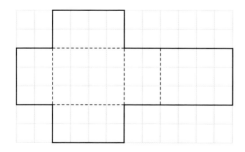

同じ長方形が2つずつあるね！

答え （例）上の図。
ほかのかき方でも，正解。

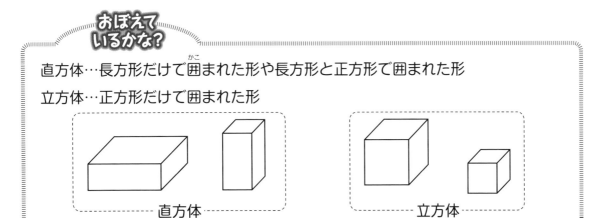

おぼえて いるかな？

直方体…長方形だけで囲まれた形や長方形と正方形で囲まれた形

立方体…正方形だけで囲まれた形

直方体

立方体

やってみよう！ ❶ 次の直方体と立方体の展開図をかきしょう。

① 1cm 5cm 4cm

1cm 1cm

② 2cm 2cm 2cm

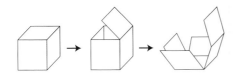

そうなんだ！ 展開図のかき方いろいろ

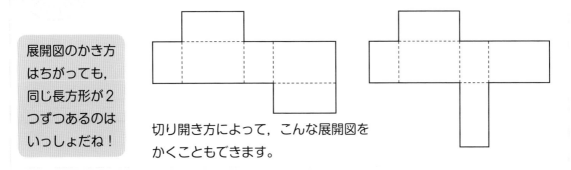

展開図のかき方はちがっても，同じ長方形が2つずつあるのはいっしょだね！

切り開き方によって，こんな展開図をかくこともできます。

ツボ その15　面と面，辺と辺の垂直と平行を調べよう！

☑ 下の直方体で面⑤に平行な面，垂直な面をすべて見つけましょう。

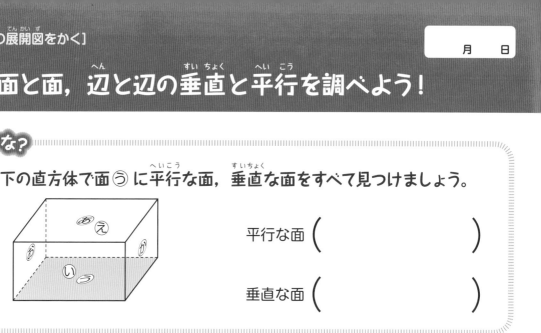

平行な面 (　　　　　　　　)

垂直な面 (　　　　　　　　)

大事なツボ！　箱を手にとって考えるとかんたん！

身近な箱を手にとって考えてみよう。

・平行な面

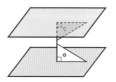

１本の直線に垂直な２つの面は，平行であるといえるね。

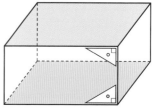

⑤と向かい合っているあが平行

・垂直な面

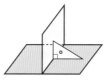

垂直ということは，こういうことだね

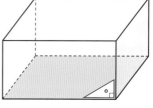

⑤ととなり合ったかは垂直

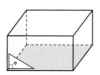

⑤とおも垂直

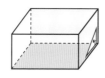

⑤とえも垂直

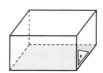

⑤といも垂直

答え 平行な面—面あ，垂直な面—面か，面お，面え，面い（順不同）

44

おぼえているかな?

直方体の辺の平行と垂直

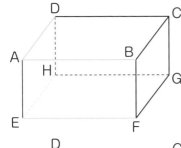

辺AE（エーイー）と垂直な辺は
辺AB（ビー）, 辺EF（エフ）, 辺AD（ティー）, 辺EH（エイチ）です。

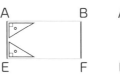

それぞれの面が長方形だものね！

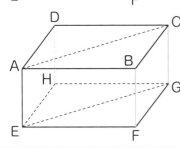

辺AEと平行な辺は
辺BF, 辺DH（シージー）, 辺CGです。

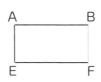 

やってみよう！

1 次の問題に答えましょう。

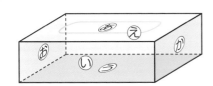

（直方体のティッシュの箱）

（直方体のラップの箱）

（直方体の箱）

① 面おに平行な面はどれですか。

(　　　　　　　　　)

② 面いに垂直な面はどれですか。

(　　　　　　　　　)

③ 辺ABに垂直な辺はどれですか。

(　　　　　　　　　)

④ 辺ABに平行な辺はどれですか。

(　　　　　　　　　)

⑤ 赤い色の面に垂直な辺をすべてなぞりましょう。

じっさいに箱を手に持ってみるとよくわかるね。

ツボ その16 角柱・円柱の展開図をかこう！

月　日

できるかな？

☑ 下の三角柱の展開図をかきましょう。

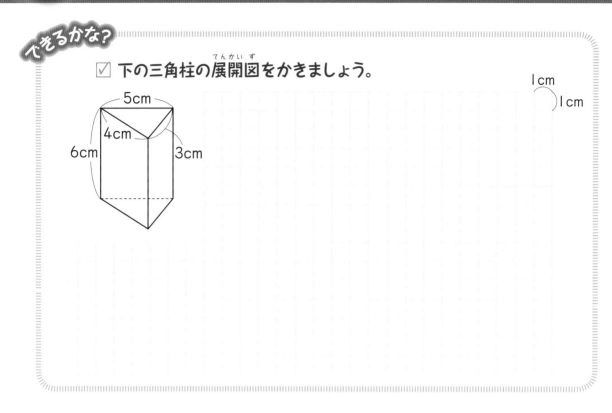

1cm
1cm

5cm
4cm
6cm　3cm

大事なツボ！ 側面からかきはじめよう！

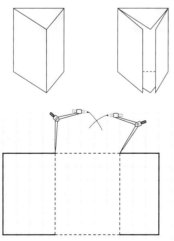

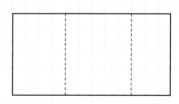

❶ 側面の3つの長方形をかきます。

❷ コンパスを使って，底面の三角形を2つかきます。

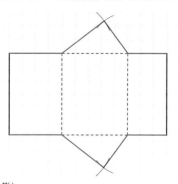

❸ 完成！

※直方体と同じように，ほかのかき方でも正解。

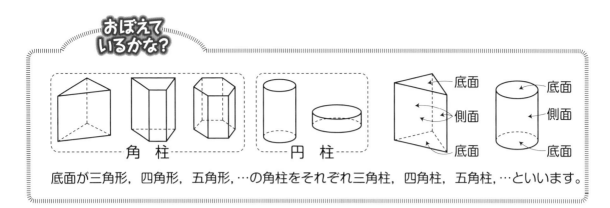

おぼえて
いるかな?

角　柱　　　円　柱

底面が三角形，四角形，五角形，…の角柱をそれぞれ三角柱，四角柱，五角柱，…といいます。

やってみよう！

1 次の立体の展開図をかきましょう。

①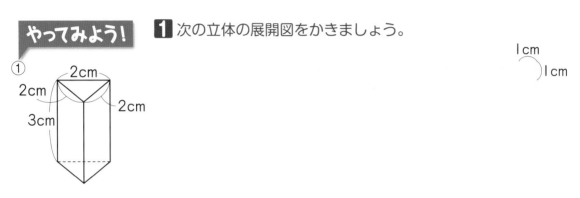

1cm
1cm

②

0.5cm
0.5cm

側面の横の長さは円周
とくっつくから円周の
長さと同じになるね。

円周の長さは直径
×3.14で
求められるから…。

月　日　　　　点

1 組み立てると直方体になるのは，あ ～ え のどれですか。
すべて選びましょう。

全部書けて **10** 点

あ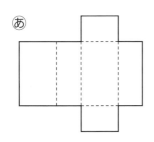

い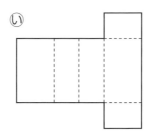

う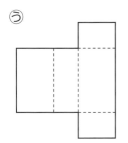

え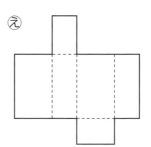

（　　　　）

2 次の立体の展開図をかきましょう。

1問 **10** 点

①

0.5cm
0.5cm

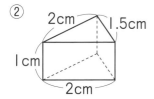

1.5cm
1cm
2cm

②

2cm 1.5cm
1cm
2cm

3 次の立体について答えましょう。

① この立体は何という立体ですか。

（　　　　　　　　　）

② この立体の展開図をかくとき,
側面の横の長さは何cmにしますか。

式（　　　　　　　）　答え（　　　　　）

③ 展開図をかきましょう。

4 下の直方体の展開図について答えましょう。

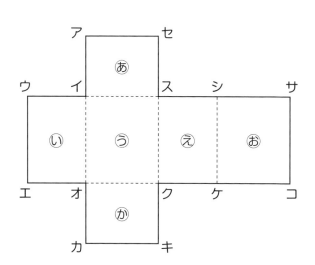

① 面うと垂直な面をすべて答えましょう。

（　　　　　　　　　）

② 面いに平行な面をすべて答えましょう。

（　　　　　　　　　）

ツボ その17　線対称な図形をかこう!

☑ 直線アイ を対称の軸として,
線対称な図形をかきましょう。

直線アイに, 鏡を置いたら
どんな形が見える?

大事なツボ! 対称の軸に, 鏡を置いたつもりで考えよう!

線対称な図形では, 対応する点を結ぶ直線が対称の軸と垂直に交わります。
また, 対称の軸と交わる点から対応する点までの長さが等しくなっていま
す。この性質を使ってかきます。

❶

このじょうぎは
動かさないで,
ずっと直線アイ
に合わせておこ
う。

対称の軸アイに, 三角じょうぎの
辺を合わせます。もう一方の三角じ
ょうぎを各頂点に合わせながら,
垂直な線をひきます。

左ききの人はこ
の本をさかさに
した方がかきや
すいね。

❷

❶でひいた垂直な直線を, 対
称の軸の反対側にのばします。

❸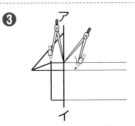

頂点と対称の軸が交わった点
の長さにコンパスを開き,
❷でのばした線に, 同じ長
さの印をつけます。

❹

ア

イ

❺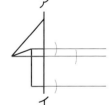

答え

コンパスの印を順に結
びます。
でき上がり!

| 本の直線を折り目にして二つ折りにしたとき，両側の部分がぴったり重なる形を，線対称な図形といいます。また，折り目にした直線を対称の軸といいます。

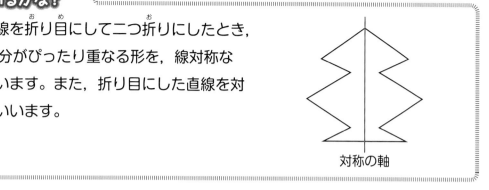

対称の軸

やってみよう!

1 直線アイを対称の軸として，線対称な図形をかきましょう。

完成すると，町なみができるよ。

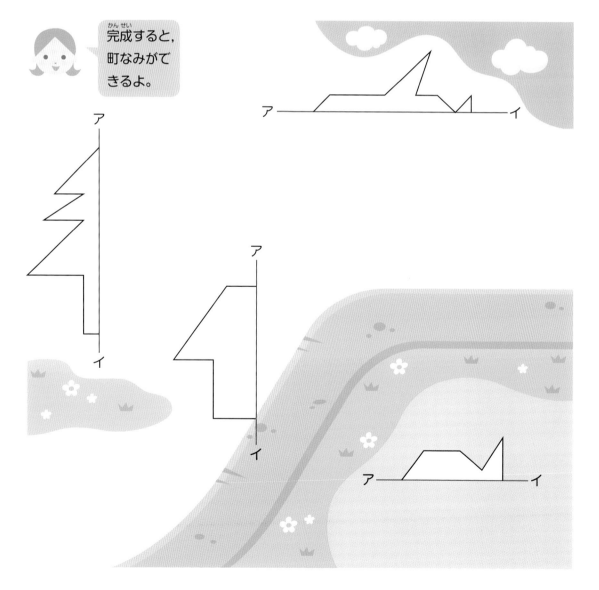

点対称な図形をかこう！

☑ 点 O を対称の中心として，点対称な図形をかきましょう。

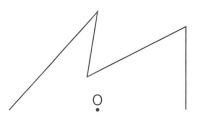

点Oを中心に180°回転して，重なる図形をかくよ。

大事なツボ！ 点Oを対称の中心として，点対称な図形をかきましょう。

点対称な図形では，対応する点を結ぶ直線は対称の中心を通ります。また，対称の中心から対応する点までの長さは等しくなっています。この性質を使ってかきます。

❶

１つの頂点から対称の中心を通る直線をひきます。

❷
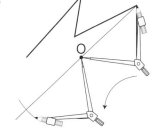

対称の中心からその頂点までの長さにコンパスを開き，❶ の直線の反対側に印をつけます。

❸
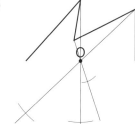

それぞれの頂点について❶❷ と同じように印をつけます。

❹
答え
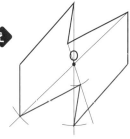

直線とコンパスの印が交わったところを順に結ぶとできあがり！

どの点とどの点がつながるのかよく気をつけて結ばないとね！

1 点Oを対称の中心として，点対
称な図形をかきましょう。

①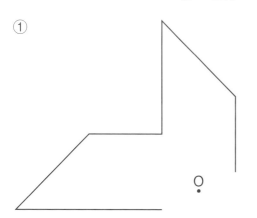

②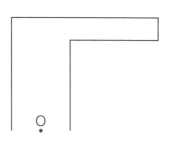

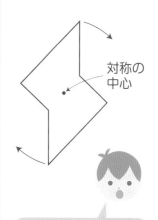

まずは
頂点と対称の中
心を通る直線を
ひくんだよね。

1 直線アイを対称の軸として，それぞれ線対称な図形をかきましょう。

1つ 10 点

2 点○ を対称の中心として，点対称な図形をかきましょう。

１つ**10**点

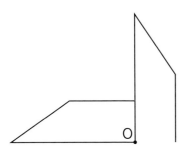

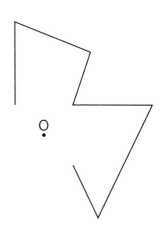

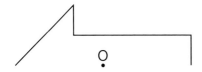

3 下の地図記号について，線対称か点対称かを考えて，表にまとめましょう。あてはまるものに○，あてはまらないものに×をかきましょう。 全部できて**30**点

記　号	⊖	卍	☼	☼	△	文	开	⋰	⊗
線対称	○								
点対称	×								

できるかな?

☑ 下の図形の 2 倍の拡大図と，$\frac{1}{2}$ の縮図をかきましょう。

大事な ツボ! ## 拡大しても縮小しても角の大きさは変わらない！

拡大図や縮図は，対応する辺の長さの比がどこも等しく，対応する角の大きさはそれぞれ等しくなっています。

〈2倍の拡大図〉

2マスの 2倍で4マス。

4マス上がって4マス進むななめの直線は，2倍して8マス上がって8マス進む。

4マス下がって2マス進むななめの直線は，2倍して8マス下がって4マス進む。

8マス

4マス

〈$\frac{1}{2}$ の縮図〉

ななめの線はこんなふうに「縦に○マス，横に△マス進む」という見方をすると同じ角の大きさになるよ。

2マスの $\frac{1}{2}$ で1マス。4マス上がって4マス進むななめの直線は，$\frac{1}{2}$ して，2マス上がって2マス進む。

4マス下がって2マス進むななめの直線は，$\frac{1}{2}$ して，2マス下がって1マス進む。

1 下の図形の２倍の拡大図と $\frac{1}{2}$ の縮図をかきましょう。

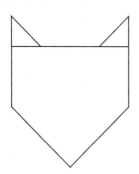

2 下の図形の３倍の拡大図と $\frac{1}{3}$ の縮図をかきましょう。

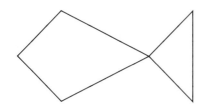

ツボ その20 拡大図・縮図をかこう！

☑ 三角形 ABC を 2 倍に拡大した三角形 DEF をかきましょう。

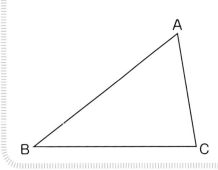

大事なツボ！ 拡大図・縮図のかき方は，合同な図形のかき方と同じ！

合同な三角形をかくとき，3つの方法がありましたね。(36ページ)

同じ方法で拡大図や縮図をかくことができます。

方法1 3つの辺の長さを使う	方法2 2つの辺の長さとその間の角を使う	方法3 1つの辺の長さと両はしの角を使う

方法1

❶ 辺BCは4.5cmなので2倍の9cmの辺EFをかく。

❷ 辺ABは5cmなので2倍の10cmの辺をかくために，コンパスで印をつける。

❸ 辺ACは3cmなので2倍の6cmの辺をかくために，コンパスで印をつける。

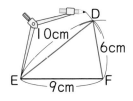

方法2

❶ 辺BCは4.5cmなので2倍の9cmの辺EFをかく。

❷ 角Eは角Bと同じ37°。

❸ 辺DEは，辺AB（5cm）の2倍で10cm。

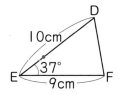

方法3

❶ 辺BCは4.5cmなので2倍の9cmの辺EFをかく。

❷ 角Eは角Bと同じ37°。

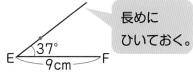

長めにひいておく。

❸ 角Fは角Cと同じ80°

交わったところがD。

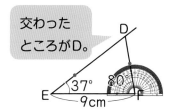

そうなんだ！ 拡大図・縮図のほかのかき方

方法2を使って，もとの図形と重ねてかく方法があります。

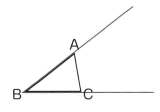

① Bを中心として辺BA，辺BCをのばします。

もとの図形と拡大図は角の大きさが等しいから，重ねてかけるんだね。

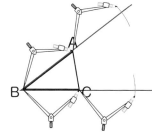

② 辺BAの長さにコンパスを開き，Aから先にその長さ分の印をつけます。辺BCも同じように印をつけます。

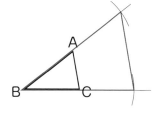

③ 印と印を結びます。2倍の拡大図のできあがり！

どの方法を使ってかこうかな…

やってみよう！

1 下の三角形の2倍の拡大図をかきましょう。

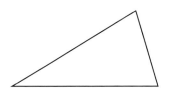

2 下の三角形の $\frac{1}{3}$ の縮図をかきましょう。

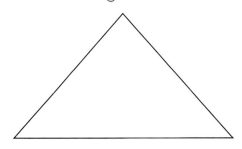

$\frac{1}{3}$ だから，辺の長さはすべて $\frac{1}{3}$ 。角の大きさはもとの三角形と同じだよ。

1 次の図の中で，あ の拡大図，縮図になっているのはどれですか。また，それは何倍の拡大図，何分の一の縮図ですか。　　1つ **10** 点

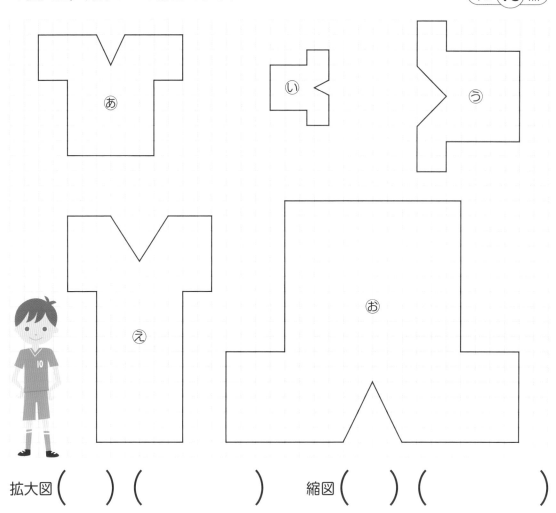

拡大図 (　　) (　　　　　　　) 　縮図 (　　) (　　　　　　　)

2 下の四角形の2倍の拡大図をかきましょう。　　1問 **10** 点

3 下の三角形の３倍の拡大図と $\frac{1}{2}$ の縮図をかきましょう。

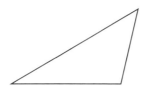

4 頂点Ｂを中心とする方法を使って，下の図形の２倍の拡大図をかきましょう。

①

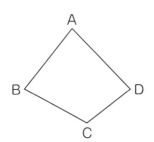

 中心とする頂点から各頂点までの直線をのばせばいいんだよね！

②

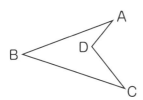

図形マスター
認定テスト

1 次のあ，い，うの角度をはかりましょう。　　　　1問 **5** 点

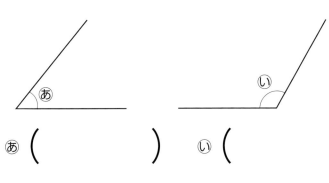
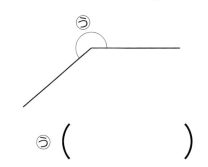

あ（　　　　　　）　　い（　　　　　　）　　う（　　　　　　）

2 下の図のような三角形をかきましょう。　　　　**10** 点

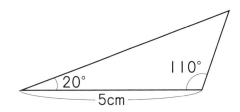
110°
20°
5cm

3 正八角形をかきましょう。　　　　**10** 点

4 下の図形は何という図形ですか。　　　　1問 **5** 点

① 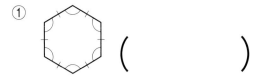（　　　　　　）　　② 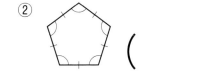（　　　　　　）

5 次のような直線をひきましょう。 | 問 **10** 点

① 点Aを通り，直線⑦に
垂直な直線

② 点Aを通り，直線⑦に
平行な直線

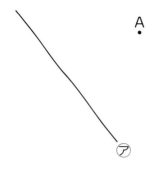

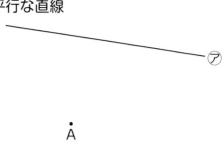

6 点A，Bを頂点とし｜辺3cmのひし形をかきましょう。 **10** 点

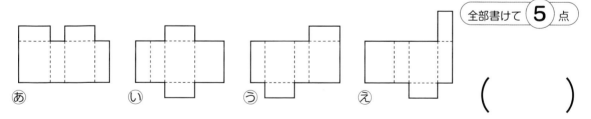

A・   ・B

7 直方体の展開図として正しいものをすべて選んで記号で書きましょう。

全部書けて **5** 点

あ　　　い　　　う　　　え　　　（　　　）

8 下の平行四辺形について答えましょう。

| 問 **10** 点

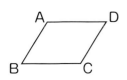

① 線対称な図形であれば○，
点対称な図形であれば△，両方
であれば◎をかきましょう。

（　　　）

② 点Bを中心として，２倍の
拡大図をかきましょう。

1 あ 50°

　　 い 120°

　　 う 220°

考え方 うは，2つの方法があります。

・分けて合わせる方法

　　　　180＋40＝220

・残りの部分をはかる方法

　　　　360－140＝220

→復習はツボその2・3（8・10ページ）

2 （省略）

→復習はツボその5（16ページ）

3

考え方 正八角形は，円の中心の角を8等分します。

　　360÷8＝45

円をかいて，円の中心を45°ずつに区切ります。円と交わった点を結びます。

✕

円と交わっていないところを結んではダメ!!

→復習はツボその6（18ページ）

4 ① 正六角形

　　② 正五角形

→復習はツボその6（18ページ）

5

①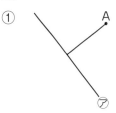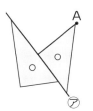

②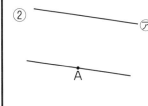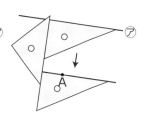

→復習はツボその7・8（22・24ページ）

6

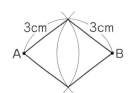

→復習はツボその11（32ページ）

7 う，え

→復習はツボその14（42ページ）

8 ① △

　　②

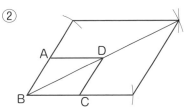

→復習はツボその17〜20（50・52・56・58ページ）

2002R1